FORSCHUNGSBERICHT DES LANDES NORDRHEIN-WESTFALEN

Nr. 2639/Fachgruppe Mathematik/Informatik

Herausgegeben im Auftrage des Ministerpräsidenten Heinz Kühn
vom Minister für Wissenschaft und Forschung Johannes Rau

Prof. Dr. Rainer Weizel
Dr.-Ing. Heinz Hellmuth Hansen
Mathematisches Seminar
der Landwirtschaftlichen Fakultät der Universität Bonn

Ebene Potentialströmung um N Ellipsen
in einem Kanal mit festen Wänden

WESTDEUTSCHER VERLAG 1977

CIP-Kurztitelaufnahme der Deutschen Bibliothek

Weizel, Rainer
Ebene Potentialströmung um N-Ellipsen in einem
Kanal mit festen Wänden / Rainer Weizel; Heinz
Hellmuth Hansen. - 1. Aufl. - Opladen: West-
deutscher Verlag, 1977.

(Forschungsberichte des Landes Nordrhein-
Westfalen; Nr. 2639 : Fachgruppe Mathematik,
Informatik)
ISBN 978-3-531-02639-8   ISBN 978-3-322-88187-8 (eBook)
DOI 10.1007/978-3-322-88187-8

NE: Hansen, Heinz Hellmuth:

© 1977 by Westdeutscher Verlag GmbH, Opladen
Gesamtherstellung: Westdeutscher Verlag

ISBN 978-3-531-02639-8

Inhaltsverzeichnis

                                                    Seite

Einleitung   1

1) Das komplexe Potential der Strömung   2
2) Berechnung der Randwerte der Stromfunktion   5
3) Ermittlung der komplexen Koeffizienten   8
   S_{k1}, D_{k1}, D_{k2}
4) Begründung des Ansatzes für g(z)   11
4,1) Entwicklung für $g_1(z)$ 11
4,2) Entwicklung für $g_2(z)$ 18

Anhang   23

Literaturverzeichnis   28

Einleitung

In dieser Arbeit wird ein Verfahren angegeben, welches es gestattet, die komplexe Potentialfunktion einer ebenen, reibungsfreien Potentialströmung um N-Ellipsen in einem Kanal mit festen Wänden in beliebigen Näherungen zu berechnen.
Dieses Ströumungsproblem wurde für den Fall, daß ein Kreis in einem Kanal umströmt wird, zuerst von H.Wendt {1} gelöst und ist dann später von J. Weyland {2,3} für N-Kreislinien verallgemeinert worden.

1) Das komplexe Potential der Strömung

In einem Kanal mit parallelen Wänden K_1 und K_2 seien N elliptische Hindernisse angeordnet, die mit $L_1, L_2, \ldots L_n$ bezeichnet werden. Die Ellipsen sollen sich untereinander und die Kanalwände weder schneiden noch berühren. Ferner seien die Ellipsen so angeordnet, daß jeweils eine ihrer Halbachsen parallel zu den Kanalwänden verläuft. Gesucht ist die Komplexe Potentialfunktion einer Potentialströmung in diesem Kanal, wobei die Anströmgeschwindigkeit im Unendlichen $\vec{V}$, $|\vec{V}|$ = V, parallel zu den Kanalwänden gerichtet sei. Das Koordinatensystem sei so gewählt, daß seine x-Achse parallel zur Berandung des Kanals verläuft und die Kanalwände K_1 und K_2 durch die Gleichungen

$$y = \pm p = \pm \frac{1}{2R} \quad ; \quad p > 0 \qquad (1,1)$$

festgelegt sind.

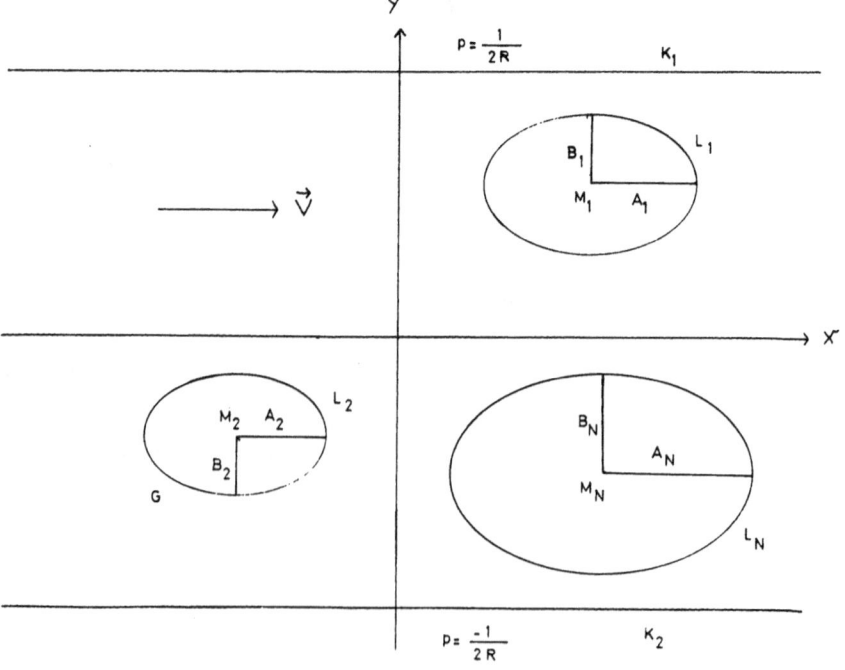

Die Mittelpunkte der Ellipsen seien mit

$$M_l = \alpha_l + i\beta_l \qquad (l = 1,2,\ldots N)$$

ihre zu den Kanalwänden parallelen Halbachsen mit A_l die anderen mit B_l ($l = 1,2,\ldots N$) bezeichnet.

Die komplexe Potentialfunktion der Strömung ist von der Form

$$f(z) = Vz + \sum_{l=1}^{N} \frac{\Gamma_l}{2\pi i} \ln(z - M_l) + ig(z) \qquad (1,2)$$

Dabei bedeuten Γ_l die Zirkulationen um die Ellipsen L_l ($l = 1,2\ldots N$) und $g(z)$ eine im Strömungsgebiet G holomorphe Funktion.
Da die Kanalwände K_1 und K_2 und die Ränder der Ellipsen L_l ($l = 1,2\ldots N$) Stromlinien sind, nimmt dort die Stromfunktion Im $f(z)$ konstante Werte an.

$$\operatorname{Im} f(z) = \begin{cases} C_{k1} & t \in k_1 \\ C_{k2} & t \in k_2 \\ C_l & t \in L_l \quad (l=1,2,\ldots N) \end{cases} \qquad (1,3)$$

Mithin unterliegt die noch unbekannte, im Strömungsgebiet G holomorphe Funktion $g(z)$ auf den Randkurven den Randbedingungen:

$$\left.\begin{array}{c}C_{k_1}\\C_{k_2}\\C_l\end{array}\right\} = V_\eta - \sum_{j=1}^{N} \frac{\Gamma_j}{2\pi} \ln|t - M_j| + \text{Re } g(t); \quad t = \xi + i\eta \,\epsilon \left\{\begin{array}{l}K_1 \quad (1,4a)\\K_2 \quad (1,4b)\\L_l \quad (1,4c)\end{array}\right.$$

$$(l=1,2..N)$$

Durch diese Randbedingungen sind die Funktion $g(z)$ und die Werte der Konstanten C_{k_1}, C_{k_2} und C_l ($l=1,2,...N$) eindeutig festgelegt {4}, wenn wir noch fordern

$$\lim_{z \to \infty} g(z) = 0 \quad ; \quad z \,\epsilon\, G \qquad (1,5)$$

Wie im Abschnitt 4 gezeigt wird, ist es möglich, die im Strömungsgebiet G holomorphe Funktion $g(z)$ durch die in G gleichmäßig konvergente Reihenentwicklung zu beschreiben.

$$g(z) = \sum_{k=1}^{\infty} \left\{ \sum_{l=1}^{N} S_{kl} W_l^k + D_{k1} \left(\frac{z}{1+iRz}\right)^k + D_{k2} \left(\frac{z}{1-iRz}\right)^k \right\}$$

$$(1,6)$$

Diese Darstellung ist auch noch konvergent, wenn $z \,\epsilon\, G$ gegen einen Punkt t auf dem Rand von G strebt. In Formel (1,6) bedeuten

$$W_l = \frac{1}{A_l + B_l} \left\{ z - M_l \pm \sqrt{(z-M_l)^2 - (A_l^2 - B_l^2)} \right\}$$

$$(l=1,2...N) \qquad (1,7)$$

wobei die Vorzeichen der Wurzeln so zu wählen sind, daß für alle z ε G gilt:

$$|W_1| < 1$$

Die komplexen Koeffizienten S_{k1}, D_{k1} und D_{k2} (k=1,2....),(l=1,2....N) werden dann so bestimmt, daß die Randbedingungen (1,4) erfüllt sind.

2) <u>Berechnung der Randwerte der Stromfunktion</u>

Um die Konstanten C_l (l = 1,2,.....N) durch die Koeffizienten S_{k1}, D_{k1} und D_{k2} der Reihendarstellung (1,6) auszudrücken, führen wir mit (t = ξ + iη ε L_1)

$$\xi = \alpha_1 + A_1 \cos \phi \quad ; \quad \eta = \beta_1 + B_1 \sin \phi \qquad (2,1)$$

eine Parameterdarstellung der Ellipsen L_l (l=1,2,....N) in die Gleichungen (1,4c) ein, und integrieren über die Mittelpunktswinkel ϕ von 0 bis 2π. Man erhält dann

$$\begin{aligned}
C_l = V\beta_l &- \sum_{j=1}^{N} \frac{\Gamma_j}{4\pi^2} \int_0^{2\pi} \ln|t - M_j| d\phi + \\
&+ \frac{1}{2\pi} \sum_{k=1}^{\infty} \{ \sum_{j=1}^{N} \operatorname{Re} S_{kj} \operatorname{Re} \int_0^{2\pi} W_j^k d\phi - \operatorname{Im} S_{kj} \operatorname{Im} \int_0^{2\pi} W_j^k d\phi + \\
&+ \operatorname{Re} D_{k1} \operatorname{Re} \int_0^{2\pi} \left(\frac{t}{1+iRt}\right)^k d\phi - \operatorname{Im} D_{k1} \operatorname{Im} \int_0^{2\pi} \left(\frac{t}{1+iRt}\right)^k d\phi \\
&+ \operatorname{Re} D_{k2} \operatorname{Re} \int_0^{2\pi} \left(\frac{t}{1-iRt}\right)^k d\phi - \operatorname{Im} D_{k2} \operatorname{Im} \int_0^{2\pi} \left(\frac{t}{1-iRt}\right)^k d\phi \}
\end{aligned} \qquad (2,2)$$

$$t = \xi + i\eta \quad \epsilon \, L_l \quad (l=1,2,....N)$$

Es sollen jetzt die Werte der Konstanten C_{k1} und C_{k2} ermittelt werden. Dazu bilden wir den Streifen

$$|\text{Im } z| \leq P$$

zwischen den Kanalwänden K_1 und K_2 mittels der Transformation $w = z^{-1}$ ($w = u + iv$) konform auf das Äußere der beiden sich im Punkt $u = v = 0$ berührenden Kreislinien $\hat{K}_1$ und $\hat{K}_2$

$$u^2 + (v \pm R)^2 = R^2 \tag{2,3}$$

mit
$$R = (2p)^{-1}$$

ab.

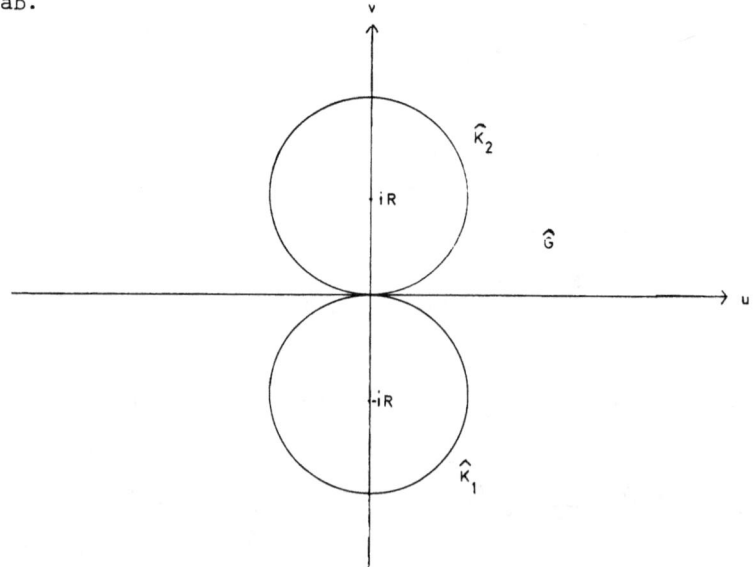

Wir führen nun mit

$$\text{Re } \tau = R \cos \psi \,; \quad \text{Im } \tau = + R + R \sin \psi \quad \tau \in \hat{K}_1$$

bzw.

$$\text{Re } \tau = R \cos \psi \quad ; \quad \text{Im}\tau = - R + R \sin \psi \quad \tau \in \hat{K}_2$$

eine Parameterdarstellung der Kreislinien $\hat{K}_1$ bzw. $\hat{K}_2$ ein und untegrieren die Gleichungen (1,4a,b) über ψ von o bis 2π
Das ergibt mit $\tau = t^{-1}$

$$\begin{aligned}
\left.\begin{matrix} C_{k1} \\ \\ C_{k2} \end{matrix}\right\} &= \frac{V}{2} \left\{ \begin{matrix} R^{-1} \\ \\ -R^{-1} \end{matrix} \right\} - \sum_{l=1}^{N} \frac{\Gamma_l}{4\pi^2} \int_0^{2\pi} \ln\left| \frac{1}{\tau} - M_l \right| d\psi \; + \\
&+ \frac{1}{2\pi} \sum_{k=1}^{\infty} \left\{ \sum_{l=1}^{N} \left[\text{Re } S_{kl} \text{ Re} \int_0^{2\pi} W_l^k \left(\frac{1}{\tau}\right) d\tau - \text{Im } S_{kl} \text{ Im} \int_0^{2\pi} W_l^k \left(\frac{1}{\tau}\right) d\tau \right] \right. \\
&+ \text{Re } D_{k1} \text{Re} \int_0^{2\pi} \left(\frac{1}{t + iR}\right)^k d\psi - \text{Im } D_{k1} \text{Im} \int_0^{2\pi} \left(\frac{1}{\tau + iR}\right)^k d\psi \\
&+ \text{Re } D_{k2} \text{ Re} \int_0^{2\pi} \left(\frac{1}{\tau - iR}\right)^k d\psi - \text{Im } D_{k2} \text{ Im} \int_0^{2\pi} \left(\frac{1}{\tau - iR}\right)^k d\tau \left. \right\}
\end{aligned} \quad (2,4)$$

$$\tau \in \hat{K}_1$$
$$\tau \in \hat{K}_2$$

Aus den N Gleichungen (2,2) und den beiden Gleichungen (2,4) können die Konstanten C_l (l=1,2...N), C_{k1} und C_{k2} ermittelt werden, wenn die Werte der Koeffizienten S_{kl}, D_{k1}, D_{k2} schon bekannt sind.

3) **Ermittlung der komplexen Koeffizienten S_{k2}, D_{k1}, D_{k2}**

Wir ersetzen in den Gleichungen (2,2) und (2,4) die linken Seiten nach den Randbedingungen (1,4). Aus (2,2) ergibt sich dann

$$VB_1 \sin \nu_1 + \sum_{j=1}^{N} \frac{\Gamma_j}{2\pi} \left\{ \frac{1}{2\pi} \int_0^{2\pi} \ln|t - M_j| \, d\phi - \ln|\sigma - M_j| \right\} =$$

$$= \sum_{k=1}^{\infty} \left\{ \sum_{j=1}^{N} \left[\operatorname{Re} S_{kj} \left(\frac{1}{2\pi} \operatorname{Re} \int_0^{2\pi} W_j^k(t) \, d\phi - \operatorname{Re} W_j^k(\sigma) \right) + \right. \right.$$

$$+ \operatorname{Im} S_{kj} \left(\operatorname{Im} W_j^k(\sigma) - \frac{1}{2\pi} \operatorname{Im} \int_0^{2\pi} W_j^k(t) \, d\phi \right) \Bigg] +$$

$$\operatorname{Re} D_{k1} \left[\frac{1}{2\pi} \operatorname{Re} \int_0^{2\pi} \left(\frac{t}{1 + iRt} \right)^k d\phi - \operatorname{Re} \left(\frac{\sigma}{1 + iR\sigma} \right)^k \right] + \quad (3,1a)$$

$$+ \operatorname{Im} D_{k1} \left[\operatorname{Im} \left(\frac{\sigma}{1 + iR\sigma} \right)^k - \frac{1}{2\pi} \operatorname{Im} \int_0^{2\pi} \left(\frac{t}{1 + iRt} \right)^k d\phi \right]$$

$$+ \operatorname{Re} D_{k2} \left[\frac{1}{2\pi} \operatorname{Re} \int_0^{2\pi} \left(\frac{t}{1 - iRt} \right)^k d\phi - \operatorname{Re} \left(\frac{\sigma}{1 - iR\sigma} \right)^k \right]$$

$$+ \operatorname{Im} D_{k2} \left[\operatorname{Im} \left(\frac{\sigma}{1 - iR\sigma} \right)^k - \frac{1}{2\pi} \operatorname{Im} \int_0^{2\pi} \left(\frac{t}{1 - iRt} \right)^k d\phi \right] \right\}$$

$$t = \alpha_l + A_l \cos \phi + i(\beta_l + B_l \sin \phi) \quad L_l;$$
$$\sigma = \alpha_l + A_l \cos \nu_1 + i(\beta_l + B_l \sin \nu) \quad L_l; \quad (l = 1, 2, \ldots N)$$

Entsprechend führen die Gleichungen (2,4) zu den beiden Gleichungen:

$$\sum_{j=1}^{N} \frac{\Gamma_j}{2\pi} \left\{ \frac{1}{2\pi} \int_0^{2\pi} \ln \left| \frac{1}{\tau} - M_l \right| d\psi - \ln |\sigma - M_l| \right\} =$$

$$\sum_{k=1}^{\infty} \left\{ \sum_{j=1}^{N} \left[\operatorname{Re} S_{kj} \left(\frac{1}{2\pi} \operatorname{Re} \int_0^{2\pi} W_j^k \left(\frac{1}{\tau} \right) d\psi - \operatorname{Re} W_j^k(\sigma) \right) + \right. \right.$$

(Formel geht auf der nächsten Seite weiter)

$$+ \text{Im } S_{kj} \left(\text{Im } W_j^k(\sigma) - \frac{1}{2\pi} \text{Im } \int_0^{2\pi} W_j^k \left(\frac{1}{\tau}\right) d\psi \right) +$$

$$+ \text{Re } D_{k1} \left[\frac{1}{2\pi} \text{Re } \int_0^{2\pi} \left(\frac{1}{\tau + iR}\right)^k d\psi - \text{Re } \left(\frac{\sigma}{1 + iR\sigma}\right)^k \right] +$$

$$+ \text{Im } D_{k1} \left[\text{Im } \left(\frac{\sigma}{1 + iR\sigma}\right)^k - \frac{1}{2\pi} \text{Im } \int_0^{2\pi} \left(\frac{1}{\tau + iR}\right)^k d\psi \right] + \quad (3,1b)$$

$$+ \text{Re } D_{k2} \left[\frac{1}{2} \text{Re } \int_0^{2\pi} \left(-\frac{1}{\tau - iR}\right)^k d\psi - \text{Re } \left(\frac{\sigma}{1 - iR\sigma}\right)^k \right] +$$

$$+ \text{Im } D_{k2} \left[\text{Im } \left(\frac{\sigma}{1 - iR\sigma}\right)^k - \frac{1}{2\pi} \text{Im } \int_0^{2\pi} \left(\frac{1}{\tau - iR}\right)^k d\psi \right] \}$$

$$\sigma \in k_1 \quad \text{dann} \quad \tau \in \hat{K}_1$$
$$\sigma \in k_2 \quad \text{dann} \quad \tau \in \hat{K}_2$$

In den Formeln (3,1 b) können die Integrationen teilweise von Hand ausgeführt werden. Für $\sigma \in K_1$ und

$$\tau = -iR + Re^{i\psi} \quad \in \hat{K}_1$$

ist

$$\left(\frac{1}{\tau + iR}\right)^k = \frac{1}{R^k} e^{-ik\psi}$$

und es gilt

$$\int_0^{2\pi} \left(\frac{1}{\tau + iR}\right)^k d\psi = 0 \; ; \quad \tau \in \hat{K}_1 \quad (k=1,2\ldots\ldots) \quad (3,2)$$

Nach Formel (2,5) der Arbeit {5} ergibt sich ferner

$$\left(\frac{1}{\tau - iR}\right)^k = \frac{1}{(k-1)!} \sum_{r=k-1}^{\infty} \frac{(-1)^{r+k-1} \, r! \, i^{r+1} \, e^{i(r-k+1)\psi}}{(r-k+1)! \, 2^{r+1} \, R^k}$$

und damit

$$\frac{1}{2\pi} \int_0^{2\pi} \left(\frac{1}{\tau - iR}\right)^k d\psi = \left(\frac{i}{2R}\right)^k \quad ; \quad \tau \in \hat{K}_1 \qquad (3,3)$$

Für $\sigma \in \hat{K}_1$ und $\tau \in \hat{K}_2$ gelten ähnliche Formeln, die aus den Gleichungen (3,2) und (3,3) gewonnen werden können, indem man i durch -i ersetzt. Mit diesen Vereinfachungen schreiben sich dann die Gleichungen (3,1b)

$$\sum_{j=1}^{N} \frac{\Gamma_j}{2j\pi} \left\{ \frac{1}{2\pi} \int_0^{2\pi} \ln\left|\frac{1}{\tau} - M_1\right| d\psi - \ln|\sigma - M_1| \right\} =$$

$$= \sum_{k=1}^{\infty} \left[\sum_{j=1}^{N} \left[\mathrm{Re}\, S_{kj} \left(\frac{1}{2\pi} \mathrm{Re} \int_0^{2\pi} W_j^k(\tfrac{1}{\tau}) \, d\psi - \mathrm{Re}\, W_j^k(\sigma) \right) + \right. \right.$$

$$+ \mathrm{Im}\, S_{kj} \left(\mathrm{Im}\, W_j^k(\sigma) - \frac{1}{2\pi} \mathrm{Im} \int_0^{2\pi} W_j^k(\tfrac{1}{\tau}) \, d\psi \right) \right] + \qquad (3,4)$$

$$+ \mathrm{Im}\, D_{k1} \, \mathrm{Im} \left(\frac{\sigma}{1+iR\sigma}\right)^k - \mathrm{Re}\, D_{k1} \, \mathrm{Re} \left(\frac{\sigma}{1+iR\sigma}\right)^k$$

$$+ \mathrm{Im}\, D_{k2} \, \mathrm{Im} \left(\frac{\sigma}{1-iR\sigma}\right)^k - \mathrm{Re}\, D_{k2} \, \mathrm{Re} \left(\frac{\sigma}{1-iR\sigma}\right)^k +$$

$$+ \frac{1}{(2R)^k} \left[\mathrm{Re}\, i^k \left\{ \begin{array}{c} \mathrm{Re}\, D_{k2} \\ (-1)^k \, \mathrm{Re}\, D_{k1} \end{array} \right\} + \mathrm{Im}\, i^k \left\{ \begin{array}{c} \mathrm{Im}\, D_{k2} \\ (-1)^k \, \mathrm{Im}\, D_{k1} \end{array} \right\} \right]$$

Hier gilt die obere Zeile für $\sigma \in K_1$, $\tau \in \hat{K}_1$ und die untere für $\sigma \in K_2$, $\tau \in \hat{K}_2$.

Die Gleichungen (3,1a) sind für alle $\sigma \in L_1$ (l=1,2....,N) die
Gleichungen (3,4) für alle $\sigma \in K_1$ bzw $\sigma \in K_2$ identisch erfüllt.
Sie können deshalb zur näherungsweisen Bestimmung der komplexen
Koeffizienten S_{kl}, D_{k1} und D_{k2} herangezogen werden. Zu diesem
Zweck bricht man die Reihenentwicklung (1,6) mit den Gliedern
für k = M ab. Die 2M(N+2) unbekannten Koeffizienten Re S_{kl},
Im S_{kl}, Re D_{k1}, Im D_{k1}, ReD_{k2} und Im D_{k2} (k=1,2...M)(l=1,2...N)
können dann mittels eines linearen Ausgleichprogrammes aus den
Gleichungen (3,1a) und (3,4) numerisch ermittelt werden, wenn
man sich eine hinreichend große Anzahl von Stützpunkten $\sigma = \sigma_j$
(j=1,2,.....m) mit m > 2M(N+2) auf dem System der Ellipsen
und den Kanalwänden vorgibt.

4) Begründung des Ansatzes für g(z)

Für die Funktion g(z) führen wir im Strömungsgebiet G eine
Laurentsche Trennung durch

$$g(z) = g_1(z) + g_2(z)$$

Dabei sei $g_1(z)$ holomorph im Inneren des Kanals, also für alle z mit
der Eigenschaft

$$|\text{Im } z| < p \qquad (4,1)$$

während das Holomorphiegebiet von $g_2(z)$ der Bereich im Äußeren der
Ellipsen L_1 (l=1,2,...N) einschließlich des Punktes ∞ ist.

4,1) Reihenentwicklung von $g_1(z)$

Wir beschäftigen uns zunächst mit dem Summanden $g_1(z)$. Durch die
Transformation $w = z^{-1}$ (w = u + iv) wird der Streifen (4,1)
zwischen den Kanalwänden K_1 und K_2 konform auf das Äußere $\tilde{G}$ der
beiden sich im Punkt u = v = o berührenden Kreislinien $\tilde{K}_1$ und $\tilde{K}_2$

$$u^2 + (v \pm R)^2 = R^2$$

mit $R = (2p)^{-1}$ abgebildet.

Wir werden weiter unten sehen, daß $g_1(\frac{1}{w})$ im Gebiet $\hat{G}$ die gleichmäßig konvergente Reihenentwicklung

$$g_1(\frac{1}{w}) = G(w) = \sum_{k=1}^{\infty} \{ D_{k1} \left(\frac{1}{w + iR}\right)^k + D_{k2} \left(\frac{1}{w - iR}\right)^k \}$$
$$+ G(\infty) \qquad (4,2)$$

aufweist und beweisen ferner, daß diese Reihe auch noch konvergent ist, wenn $w \in \hat{G}$ gegen einen Punkt ω auf den Kreislinien $\hat{K}_1$ oder $\hat{K}_2$ strebt. Die Entwicklung (4,2) der Funktion $G(w)$ besteht aus der Summe zweier Laurentscher Reihen mit den Entwicklungspunkten $\pm$ iR. Gehen wir wieder zur Strömungsebene über, so erhalten wir nach (4,2) die im Streifen (4,1) gleichmäßig konvergente Reihenentwicklung

$$g_1(z) = G(w) = \sum_{k=1}^{\infty} \{ D_{k1} \left(\frac{z}{1 + iRz}\right)^k + D_{k2} \left(\frac{z}{1 - iRz}\right)^k \}$$
$$+ G(\infty) \qquad (4,3)$$

für $g_1(z)$ mit $g_1(o) = G(\infty)$. Offensichtlich wird durch den Anteil

$$\sum_{k=1}^{\infty} D_{k1} \left(\frac{z}{1 + iRz}\right)^k$$

eine holomorphe Funktion in der Halbebene Im $z < p$ und durch die Teilreihe

$$\sum_{k=1}^{\infty} D_{k2} \left(\frac{z}{1 - iRz}\right)^k$$

eine solche im Bereich Im $z > -p$ dargestellt. Wie anschließend gezeigt wird, konvergiert die Darstellung (4,3) für $g_1(z)$ auch wenn z aus dem Strömungsgebiet G gegen einen Randpunkt t auf den Kanalwänden strebt.

Zur Herleitung der Formel (4,2) stellen wir die Funtkion $g_1(\frac{1}{w})$ im Bereich $\hat{G}$ durch das Cauchy-Typ-Integral dar

$$G(w) = \frac{1}{2\pi i} \int_{\hat{K}_1 + \hat{K}_2} \frac{\mu(\tau) d\tau}{\tau - w} + G(\infty); \qquad w \in \hat{G} \qquad (4,4)$$

wobei mit $\mu(\tau)$ eine auf $\hat{K}_1 + \hat{K}_2$ reelle, eindeutige und dort
Hölderstetige zunächst unbekannte Dichtefunktion bezeichnet
ist. Eine holomorphe Funktion läßt sich stets in der Form (4,4)
darstellen {6,7}. Wir setzen

$$\mu(\tau) = \begin{cases} \mu_1(\tau) & \tau \in \hat{K}_1 \\ \mu_2(\tau) & \tau \in \hat{K}_2 \end{cases}.$$

Die Dichtefunktion μ_1 bzw μ_2 sind auf $\hat{K}_1$ bzw $\hat{K}_2$ periodische
Funktionen beispielsweise des Kreismittelpunktwinkels ψ
Die Dirlichletschen Bedingungen der Fourierentwicklebarkeit
sind also erfüllt, so daß die Dichtefuntkion auf den Kreislinien in gleichmäßig konvergente Reihen

$$\mu_l(\tau) = a_{ol} + \sum_{k=1}^{\infty} \{a_{kl} \cos k\psi + b_{kl} \sin k\psi\} \qquad (4,5)$$

$$l = 1,2 \qquad \tau \in \hat{K}_{1,2}$$

entwickelt werden können. Für $G(w)$ gelangen wir dann zu dem Aus-
druck

$$G(w) = \frac{1}{2\pi i} \sum_{l=1}^{2} \int_{\hat{K}_l} \frac{a_{ol} + \sum_{k=1}^{\infty} a_{kl} \cos k\psi + \sum_{k=1}^{\infty} b_{kl} \sin k\psi}{\tau - w} d\tau +$$

$$+ G(\infty) \qquad (4,6)$$

$$w \in \hat{G}$$

Die Integrale

$$I_l(w) = \frac{1}{2\pi i} \int_{\hat{K}_l} \frac{a_{ol} \, d\tau}{\tau - w} = o; \qquad w \in \hat{G}; \quad l = 1, 2 \qquad (4,7)$$

haben nach dem Residuensatz den Wert Null solange $w \in \hat{G}$. Strebt

$w \in \hat{G}$ gegen einen Punkt $\omega \in \hat{K}_1$ oder $\omega \in \hat{K}_2$, so strebt $I_1(w)$ gegen den rechtsseitigen Randwert $I^-(\omega) = 0$. Hier ist vorausgesetzt, daß die Kreise $\hat{K}_1$ und $\hat{K}_2$ im mathematisch positiven Sinn orientiert sind, so daß das Gebiet $\hat{G}$ rechts von den Kurven $\hat{K}_1$ und $\hat{K}_2$ liegt.

$G(w)$ wird also aufgebaut durch Integrale der Form

$$\int_{\hat{K}_1} \frac{\sum_{k=1}^{\infty} a_{kl} \cos k\psi}{\tau - w} d\tau \qquad \int_{\hat{K}_1} \frac{\sum_{k=1}^{\infty} b_{kl} \sin k\psi}{\tau - w} d\tau \qquad (4,7a)$$

Wir vertauschen die Summation und Integration was wegen der gleichmäßigen Konvergenz der Reihen (4,5) mit Sicherheit erlaubt ist, solange w nicht auf einer der Kurven $\hat{K}_1$ liegt. Im Anhang zeigen wir, daß die Vertauschung der beiden Grenzprozesse auch für $w = \omega \in \hat{K}_1$ (l = 1,2) korrekt ist.

Zur weiteren Behandlung der Integrale

$$\int_{\hat{K}_1} \frac{\cos k\psi}{\tau - w} d\tau \quad ; \quad \int_{\hat{K}_1} \frac{\sin k}{\tau - w} d\tau$$

ersetzen wir die Winkelfunktionen durch die Exponentialfunktion und führen mit

$$\tau = M_1 + R_1 e^{i\psi} \quad ; \quad d\tau = iR_1 e^{i\psi} d\psi$$

die Parameterdarstellung der Kreise $\hat{K}_1$ mit den Mittelpunkten M_1 (l=1,2) ein und erhalten mit $w_1 = w - M_1$

$$\int_{\hat{K}_1} \frac{\cos k\psi}{\tau - w} d\tau = \frac{1}{2} \int_{\hat{K}_1} \frac{(e^{ik\psi} + e^{-ik\psi}) i e^{i\psi}}{e^{i\psi} - \frac{w_1}{R_1}} d\psi \qquad (4,8a)$$

$$\int_{\hat{K}_1} \frac{\sin k\psi}{\tau - w} d\tau = \frac{1}{2i} \int_{\hat{K}_1} \frac{(e^{ik\psi} + e^{-ik\psi}) i e^{i\psi}}{e^{i\psi} - \frac{w_1}{R_1}} d\psi \qquad (4,8b)$$

Durch die Transformation $\rho = e^{i\psi}$ bilden wir den Kreis $\hat{K}_1$ konform auf den Einheitskreis $|\rho| = 1$ einer komplexen ρ-Ebene ab. Dabei geht ein Punkt $w \in \hat{G}$ in $\rho_1 = \frac{w}{R_1}$ im Äußeren von $|\rho| = 1$ über.

Strebt hingegen w gegen einen Punkt $\omega \in \hat{K}_1$, so strebt ρ_1 gegen einen Punkt $\omega_1 = \frac{\omega}{R_1} \in (|\rho| = 1)$

Die Integrale (4,8) gehen dabei über in

$$\int_{\hat{K}_1} \frac{\cos k\psi}{\tau - w} d\tau = \frac{1}{2} \int_{|\rho|=1} \frac{\rho^k + \rho^{-k}}{\rho - \rho_1} d\rho = I_{11}(w) \quad (4,9a)$$

$$\int_{\hat{K}_1} \frac{\sin k\psi}{\tau - w} d\tau = \frac{1}{2i} \int_{|\rho|=1} \frac{\rho^k - \rho^{-k}}{\rho - \rho_1} d\rho = I_{21}(w) \quad (4,9b)$$

Wir betrachten zunächst den Fall, daß $w \in \hat{G}$. Wir erhalten dann

$$I_{12}(w) = \frac{1}{2} \int_{|\rho|=1} \frac{\rho^{-k} d\rho}{\rho - \rho_1} = -\pi i \left(\frac{1}{\rho_1}\right)^k =$$

$$= -\pi i \left(\frac{R_1}{w-M_1}\right)^k$$

Wegen

$$\int_{\hat{K}_1} \frac{e^{ik\tau}}{\tau - w} d\tau = 0; \quad w \in \hat{G}$$

ergibt sich für $w \in \hat{G}$

$$I_{21}(w) = \int_{\hat{K}_1} \frac{\sin k\psi \, d\tau}{\tau - w} = \pi \left(\frac{1}{\rho_1}\right)^k = \pi \left(\frac{R_1}{w-M_1}\right)^k$$

Wir erhalten damit schließlich für $G(w)$ nach (4,6)

$$G(w) = -\frac{1}{2} \sum_{l=1}^{2} \sum_{k=1}^{\infty} (a_{kl} + ib_{kl}) \left(\frac{R_l}{w - M_l}\right)^k + G(\infty) \qquad (4,10)$$

Setzen wir noch für M_1 bzw M_2 die Mittelpunkte der Kreislinien K_1 bzw. K_2 ein und verwenden die Abkürzungen

$$D_{kl} = -\frac{1}{2}(a_{kl} + ib_{kl}) R^k \qquad (l=1,2....N) \qquad (4,11)$$

so ergibt sich aus (4,1o) die Reihenentwicklung (4,3) für $G(w)$.

Wir müssen jetzt noch zeigen, daß die Entwicklung (4,2) auch für $w \in \hat{K}_1$ Gültigkeit besitzt. Dazu bilden wir die rechtsseitigen Randwerte $I_{11}^-(\omega)$ und $I_{21}^-(\omega)$ indem wir $w \in \hat{G}$ gegen einen Punkt $\omega \in \hat{K}_1$ der im mathematisch positiven Sinn orientierten Kurven $\hat{K}_1$ streben lassen. Das ergibt sich nach den Formeln von Sokhotski {8}

$$\frac{1}{2\pi i} I_{11}^-(\omega) = -\frac{1}{4}(\omega_1^k + \omega_1^{-k}) + \frac{1}{4\pi i}\int_{|\rho|=1} \frac{(\rho^k + \rho^{-k})}{\rho - \omega_1} d\rho -$$
$$-\frac{1}{4\pi i}\int_{|\rho|=1} \frac{(\omega_1^k + \omega_1^{-k})}{\rho - \omega_1} d\rho + \frac{1}{4\pi i}(\omega_1^k + \omega_1^{-k})\int_{|\rho|=1} \frac{d\rho}{\rho - \omega_1} \qquad (4,12)$$

$$(k=1,2,....)$$

$$\frac{1}{2\pi i} I_{21}^-(\omega) = \frac{i}{4}(\omega_1^k - \omega_1^{-k}) - \frac{i}{4\pi i}\int_{|\rho|} \frac{(\rho^k - \rho^{-k})}{\rho - \omega_1} d\rho -$$
$$-\frac{1}{4\pi i}\int_{|\rho|=1} \frac{(\omega_1^k - \omega_1^{-k})}{\rho - \omega_1} d\rho - \frac{i}{4\pi i}(\omega_1^k - \omega_1^{-k})\int_{|\rho|=1} \frac{d\rho}{\rho - \omega_1}$$

$$(k=1,2.....)$$

Die Integrale in den Gleichungen (4,2) sind als Cauchysche Hauptwertintegrale aufzufassen. Wir werten die Gleichungen (4,12) aus und finden für $I_{11}^-(\omega)$

$$\frac{1}{2\pi i} I_{11}^-(\omega) = \frac{1}{4\pi i} \left\{ \int_{|\rho|=1} \frac{\rho^k - \omega_1^{+k}}{\rho - \omega_1} d\rho + \right.$$

$$\left. + \int_{|\rho|=1} \frac{\rho^{-k} - \omega_1^{-k}}{\rho - \omega_1} d\rho \right\} = \frac{1}{4\pi i} \int_{|\rho|=1} \frac{\rho^{-k} - \omega_1^{-k}}{\rho - \omega_1} d\rho = \quad (4,3a)$$

$$-\frac{1}{4\pi i} \int_{|\rho|=1} \frac{(\rho^k - \omega_1^k) \, d\rho}{(\rho - \omega_1)\rho^k \omega_1^k} = -\frac{1}{2} \frac{1}{\omega_1^k} = -\frac{1}{2}\left(\frac{R_1}{\omega - M_1}\right) \; ;$$

$$\omega \in \hat{K}_2; \quad k=1,2,\ldots$$

Entsprechend ergibt sich

$$\frac{1}{2\pi i} I_{21}^-(\omega) = -\frac{i}{4\pi i} \int_{|\rho|=1} \frac{(\rho^k - \rho^{-k}) - (\omega_1^k - \omega_1^{-k})}{\rho - \omega_1} d\rho = \quad (4,13b)$$

$$-\frac{i}{4\pi i} \int_{|\rho|=1} \frac{(\rho^k - \omega_1^k) \, d\rho}{(\rho - \omega_1)\rho^k \omega_1^k} = -\frac{i}{2} \frac{1}{\omega_1^k} = -\frac{i}{2} \left(\frac{R_1}{\omega - M_1}\right)^k$$

Schließlich läßt sich dann mit $M_1 = -iR$, $M_2 = iR$ und unter Verwendung von (4,11) der rechtsseitige Randwert $G^-(\omega)$ ($\omega \in \hat{K}_1$ oder $\hat{K}_2$) des Cauchytypintegrals für $G(w)$ (Formel 4,4) durch die auf $\hat{K}_1$ und $\hat{K}_2$ gleichmäßig konvergente Reihe darstellen.

$$G^-(\omega) = \frac{1}{2\pi i} \sum_{1,j=1}^{2} I_{j1}^-(\omega) = \sum_{k=1}^{\infty} \left\{ D_{k1}\left(\frac{1}{\omega + iR}\right)^k + \right.$$

$$\left. + D_{k2}\left(\frac{1}{\omega - iR}\right)^k \right\} + G(\infty) \; ; \qquad \omega \in \hat{K}_1, \hat{K}_2$$

die mit (4,2) für $w = \omega$ übereinstimmt.

4,2) Entwicklung für $g_2(z)$

Die im Außengebiet G_1 aller Ellipsen L_1 (l=1,2....,N) holomorphe Funktion $g_2(z)$ drücken wir durch die endliche Summe von Cauch Typ-Integralen

$$g_2(z) = \frac{1}{2\pi i} \sum_{l=1}^{N} \int_{L_l} \frac{\mu_l(\tau)d\tau}{\tau - z} \quad ; \quad z \in G_1 \quad (4,14)$$

mit reellen auf den Ellipsen hölderstetigen Dichtefunktionen $\mu_l(\tau)$ aus. Es ist $g_2(\infty) = 0$. Ebenso wie im Abschnitt 4,1 können wir die Dichtefunktion $\mu_l(\tau)$ auf den Ellipsen L_l in dort gleichmäßig konvergente Fouriesche Reihen entwickeln.

$$\mu_l(\tau) = C_{ol} + \sum_{k=1}^{\infty} C_{kl} \cos k\phi + \sum_{k=1}^{\infty} E_{kl} \sin k\phi$$

$$(l=1,2,.....N)$$

Mit diesen Entwicklungen führt (4,14) wie im vorigen Abschnitt zu den Integralen der Form

$$\int_{L_l} \frac{\cos k\phi}{\tau - z} d\tau \quad ; \quad \int_{L_l} \frac{\sin k\phi}{\tau - z} d\tau$$

zu deren Berechnung wir die Parameterdarstellung der l-ten Ellipse einführen.

$$\tau = M_l + A_l \cos\phi + iB_l \sin\phi$$

Wir erhalten damit

$$\int_{L_l} \frac{\cos k\phi \, d\tau}{\tau - z} = \frac{1}{2} \int_{L_l} \frac{(e^{ik\phi} + e^{-ik\phi})\{iB_l \cos\phi - A_l \sin\phi\}}{M_l - z + A_l \cos\phi + i B_l \sin \phi} d\phi =$$

$$\frac{1}{4} \int_{L_l} \frac{(e^{ik\phi} + e^{-ik\phi}) \{iB_l(e^{i\phi} + e^{-i\phi}) + iA_l(e^{i\phi} - e^{-i\phi})\}d\phi}{A_l(\frac{e^{i\phi} + e^{-i\phi}}{2}) + B_l(\frac{e^{i\phi} - e^{-i\phi}}{2}) + M_l - z} \quad (4,15a)$$

$$\int_{L_1} \frac{\sin k\phi \, d\tau}{\tau - z} = \frac{1}{2i} \int_{L_1} \frac{(e^{ik\phi} - e^{-ik\phi})\{iB_1 \cos\phi - A_1 \sin\phi\} d\phi}{M_1 - z + A_1 \cos\phi + iB_1 \sin\phi} \qquad (4,15b)$$

$$= \frac{1}{2i} \int_{L_1} \frac{(e^{ik\phi} - e^{-ik\phi})\{iB_1(e^{i\phi} + e^{-i\phi}) + iA_1(e^{i\phi} - e^{-i\phi})\} d\phi}{2(M_1 - z) + A_1(e^{i\phi} + e^{-i\phi}) + B_1(e^{i\phi} - e^{-i\phi})}$$

Durch die Transformation $w = e^{i\phi}$ ilden wir die 1-te Ellipse L_1 auf den Einheitskreis $|w| = 1$ ab. Dann entsteht

$$\int_{L_1} \frac{\cos k\phi \, d\tau}{\tau - z} = \frac{1}{2} \int_{|w|=1} \frac{(w^k + \frac{1}{w^k})\{B_1(w + \frac{1}{w}) + A_1(w - \frac{1}{w})\} \, dw}{[A_1(w + \frac{1}{w}) + B_1(w - \frac{1}{w}) + 2(M_1 - z)] \, w}$$

$$= \frac{1}{2} \int_{|w|=1} \frac{(w^{k-1} + \frac{1}{w^{k+1}})\{w^2 - (\frac{A_1 - B_1}{A_1 + B_1})\} dw}{(w - w_{11})(w - w_{21})} \qquad (4,16a)$$

$$\int_{L_1} \frac{\sin k\phi \, d\tau}{\tau - z} = \int_{|w|=1} \frac{1}{2i} \frac{(w^k - \frac{1}{w^k})\{B_1(w + \frac{1}{w}) + A_1(w - \frac{1}{w})\} \, dw}{2w(M_1 - z) + A_1(w^2 + 1) + B_1(w^2 - 1)}$$

$$= \frac{1}{2i} \int_{|w|=1} \frac{\left\{w^{k+1} - \frac{1}{w^{k-1}} - \frac{A_1 - B_1}{A_1 + B_1} w^{k-1} + \frac{A_1 - B_1}{A_1 + B_1} \frac{1}{w^{k+1}}\right\}}{(w - w_{11})(w - w_{21})} dw \qquad (4,16b)$$

Der Nenner der Integranden besitzt die Wurzeln

$$\left.\begin{matrix} w_{11} \\ \\ w_{21} \end{matrix}\right\} = \frac{(z - M_1) \pm \sqrt{(z - M_1)^2 - (A_1^2 - B_1^2)}}{A_1 + B_1} \qquad (4,17)$$

Wegen

$$|w_{11} w_{21}| = |T_1| < 1 \qquad (4,18)$$
$$A_1 \neq B_1$$

mit

$$T_1 = \frac{A_1 - B_1}{A_1 + B_1} \qquad (4,18a)$$

liegt mindestens eine der Wurzeln im Inneren der Einheitskreisscheibe $|w| < 1$. Sehr viel einfacher als in {9} läßt sich zeigen, daß für alle z im Äußeren der Ellipse L_1 genau eine der Wurzeln w_{11}, w_{21} im Bereich $|w| < 1$ liegt. Um dies zu beweisen, betrachten wir das Cauchytypintegral

$$I(z) = \int_{L_1} \frac{\cos\phi \, d\tau}{\tau - z} = \frac{1}{2} \frac{1}{w_{11} - w_{21}} \int_{|w|=1} \left(\frac{1}{w - w_{11}} - \frac{1}{w - w_{21}} \right) \left(1 + \frac{1}{w^2} \right) \left(w^2 - T_1 \right) dw \qquad (4,19)$$

welches für k=1 aus (4,16a) hervorgeht. Mithin ist $I(z)$ eine stückweise holomorphe Funktion, für die gilt $I(\infty) = 0$. Lägen nun beide Wurzeln (4,17) im Bereich $|w| < 1$, so ergäbe die Auswertung von (4,19)

$$I(z) = \frac{1}{2} \frac{1}{w_{11} - w_{21}} \{ w_{11}^2 - w_{21}^2 \} = \frac{1}{A_1 + B_1} (z - M_1)$$

und es gälte $I(\infty) = \infty$ im Widerspruch zu oben.

Die Berechnung der Integrale (4,16) ergibt nun mit $|w_{11}| < 1$

$$\int_{L_1} \frac{\cos k\phi \, d\tau}{\tau - z} = \frac{1}{2} \int_{|w|=1} \frac{\left(w^{k+1} + \frac{1}{w^{k+1}} - T_1 w^{k-1} - T_1 \frac{1}{w^{k+1}} \right)}{(w - w_{11})(w - w_{21})} dw$$

(Formel geht auf der nächsten Seite weiter)

$$= \pi i \frac{w_{11}^{k+1} - T_1 w_{11}^{k-1} + w_{21}^{-k+1} - T_1 w_{21}^{-k-1}}{w_{11} - w_{21}} \tag{4,2o}$$

$$\int_{L_1} \frac{\sin k\phi \, d\tau}{\tau - z} = \pi \frac{w_{11}^{k+1} - T_1 w_{11}^{k-1} - w_{21}^{-k+1} + T_1 w_{21}^{-k-1}}{w_{11} - w_{21}}$$

Für $g_2(z)$ erhalten wir somit die Darstellung

$$g_2(z) = \frac{1}{2\pi i} \sum_{l=1}^{N} \int_{L_1} \frac{\sum_{k=1}^{\infty} C_{kl} \cos k\phi + E_{kl} \sin k\phi}{\tau - z} \, d\tau =$$

(4,21)

$$= \frac{1}{2} \sum_{l=1}^{N} \sum_{k=1}^{\infty} \frac{1}{w_{11} - w_{21}} \left\{ (w_{11}^{k+1} - T_1 w_{11}^{k-1}) \overline{Q}_{kl} + \left(\frac{1}{w_{21}^{k-1}} - T_1 \frac{1}{w_{21}^{k+1}} \right) Q_{kl} \right\}$$

Wobei wir mit

$$Q_{kl} = C_{kl} + i E_{kl}$$

abgekürzt haben. Mit Rücksicht auf (4,18a) können wir (4,21) auf die handlichere Form bringen

$$g_2(z) = \frac{1}{2} \sum_{l=1}^{N} \sum_{k=1}^{\infty} \frac{1}{(w_{11} - w_{21})} \left\{ w_{11}^{k+1} \left(\overline{Q}_{kl} - \frac{Q_{kl}}{T_l^k} \right) \right.$$

$$\left. - w_{11}^{k-1} T_l \left(\overline{Q}_{kl} - \frac{Q_{kl}}{T_l^k} \right) \right\} = \qquad (4,22)$$

$$\frac{1}{2} \sum_{l=1}^{N} \sum_{k=1}^{\infty} \frac{1}{(w_{11} - w_{21})} \left(\overline{Q}_{kl} - \frac{Q_{kl}}{T_l^k} \right) w_{11}^{k-1} (w_{11}^2 - T_l) =$$

$$\frac{1}{2} \sum_{l=1}^{N} \sum_{k=1}^{\infty} \left(\overline{Q}_{kl} - \frac{Q_{kl}}{T_l^k} \right) w_{11}^k = \sum_{l=1}^{N} \sum_{k=1}^{\infty} S_{kl} w_l^k$$

Hier bedeutet

$$S_{kl} = \frac{1}{2} \left(\overline{Q}_{kl} - \frac{Q_{kl}}{T_l^k} \right)$$

und mit w_l ist diejenige der Wurzeln w_{11} bzw w_{21} bezeichnet, für die gilt $|w_l| < 1$, wenn z im Äußeren der Ellipse L_l ($l=1,2...$) liegt.

Ebenso wie im Abschnitt (4,1) läßt sich zeigen, daß die Reihenentwicklung (4,22) für $g_2(z)$ auch noch konvergent ist, wenn z aus dem Strömungsgebiet gegen einen Punkt $t \in L_l$ strebt.

Die Summe $g_1(z) + g_2(z) = g(z)$ ergibt dann unter Verwendung von (4,22) und (4,3) mit Rücksicht auf (1,5) die gesuchte Entwicklung (1,6).

Anhang

In diesem Abschnitt soll der vorhin verwendete Satz bewiesen werden {2}

<u>Satz</u>: Die unendliche Reihe

$$\phi(\tau) = \sum_{k=1}^{\infty} \phi_k(\tau) \tag{A1}$$

sei auf der einfach geschlossenen, glatten Kurve L gleichmäßig konvergent. Ferner sei $\phi(\tau)$ wie auch die einzelnen Funktionen $\phi_k(\tau)$ auf L hölderstetig. Ist dann t ein beliebiger Punkt auf L, so gilt

$$\sum_{k=1}^{\infty} \int_L \frac{\phi_k(\tau) \, d\tau}{\tau - t} = \int_L \frac{\sum_{k=1}^{\infty} \phi_k(\tau) d\tau}{\tau - t} \tag{A2}$$

Wegen der gleichmäßigen Konvergenz der Reihe (A1) gibt es zu jedem vorgegebenen γ für alle $\tau \in L$ ein $N = N(\gamma)$, so daß gilt:

$$\left| \phi(\tau) - \sum_{k=1}^{N} \phi_k(\tau) \right| < \gamma \tag{A3}$$

Weiter gilt wegen der vorausgesetzten Höldersteigkeit der Funktionen $\phi(\tau)$ und $\phi_k(\tau)$ für je zwei Punkte τ, $t \in L$

$$\left| \phi(\tau) - \phi(t) \right| < A |\tau - t|^{\lambda} \tag{A4a}$$

$A < o$, reelle Konstante
$o < \lambda \leq 1$

$$|\phi_k(\tau) - \phi_k(t)| < a_k |\tau - t|^{\lambda_k} \qquad (A4b)$$

$a_k > 0$, reelle Konstante; $\quad 0 < \lambda_k \leq 1$

Da die Grenzfunktion $\phi(\tau)$ auf der Kurve L hölderstetig ist, gibt es ein λ_{min}, so daß für alle Hölderexponenten λ_k der Funktionen $\phi_k(\tau)$ gilt

$$\lambda_k \geq \lambda_{min} \geq \lambda > 0 \qquad \text{für } k = 1,2\ldots\ldots$$

Zum Beweis des Satzes zerlegen wir die Kurve L in zwei Teilstücke L_o und l, wobei l der Teil von L sein soll, der in einem Kreis K um t mit dem Radius $\rho > 0$ liegt.

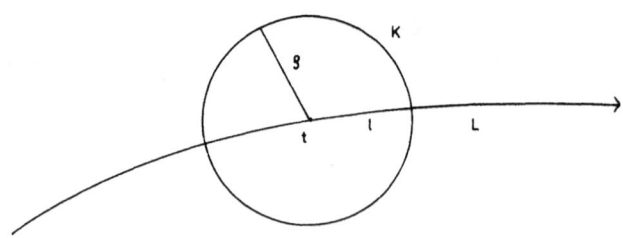

Auf dem Bogen L_o gilt

$$\sum_{k=1}^{\infty} \int_{L_o} \frac{\phi_k(\tau) d\tau}{\tau - t} = \int_{L_o} \frac{\sum_{k=1}^{\infty} \phi_k(\tau) d\tau}{\tau - t} \qquad (A5)$$

denn hier ist der Integrand eine gleichmäßig konvergente Reihe
(einschließlich des Cauchynenners), das Integral existiert im
Riemannschen Sinne.

Der Beweis ist geführt, wenn sich zu jedem vorgegebenen positiven ε
und zu jedem $N > 0$ ein Kreisradius $\rho > 0$ finden läßt, so daß
auf dem Kurvenstück l gilt

$$\left| \sum_{k=1}^{N} \int_{l} \phi_k(\tau) \frac{d\tau}{\tau - t} - \int_{l} \phi(\tau) \frac{d\tau}{\tau - t} \right| < \varepsilon \qquad (A6)$$

Die linke Seite dieser Ungleichung läßt sich folgendermaßen umformen

$$\left| \int_{l} \sum_{k=1}^{N} \phi_k(\tau) \frac{d\tau}{\tau - t} - \int_{l} \phi(\tau) \frac{d\tau}{\tau - t} \right| \leq$$

$$\leq \left| \int_{l} \frac{\sum_{k=1}^{N} \phi_k(\tau) - \sum_{k=1}^{N} \phi_k(t)}{\tau - t} d\tau \right| + \left| \int_{l} \frac{\phi(\tau) - \phi(t)}{\tau - t} d\tau \right| + \qquad (A7)$$

$$+ \left| \left(\sum_{k=1}^{N} \phi_k(t) - \phi(t) \right) \int_{l} \frac{d\tau}{\tau - t} \right|$$

Da eine endliche Summe hölderstetiger Funktionen wieder eine
hölderstetige Funktion ist, gilt die folgende Abschätzung

$$\left| \sum_{k=1}^{N} \phi_k(\tau) - \sum_{k=1}^{N} \phi_k(t) \right| < B |\tau - t|^{\lambda^x} \qquad (A8)$$

$B > 0$, reelle Konstante

wobei λ^x das Minimum der Hölderexponenten $\lambda_1, \lambda_2 \ldots \lambda_n$ bedeutet.

Ferner gilt

$$\left| \int_1 \frac{d\tau}{\tau - t} \right| = \left| \ln \frac{t_2 - t}{t - t_1} \right| = |\arg(t_2-t) - \arg(t-t_1)| = |\alpha| \quad (A9)$$

wobei $\alpha \to o$ strebt, wenn ρ genügend klein wird. Der Zweig des Logarithmus wurde dabei so gewählt, daß gilt:

$\ln(-1) = \pi i$

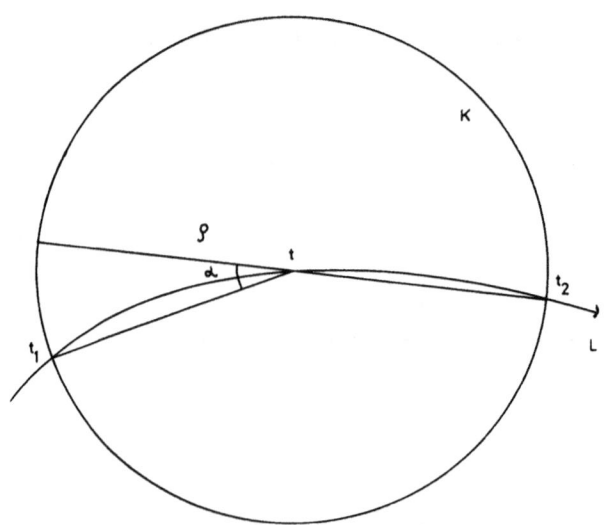

Mit den Abschätzungen (A4), (A8), und (A9) erhalten wir aus Gleichung (A7)

$$\left| \sum_{k=1}^{N} \int_1 \phi_k(\tau) \frac{d\tau}{\tau - t} - \int_1 \phi(\tau) \frac{d\tau}{\tau - t} \right| \leq \quad (A1o)$$

$$\leq B \int_1 |\tau - t|^{\lambda^x - 1} |d\tau| + A \int_1 |\tau - t|^{\lambda - 1} |d\tau| + \gamma |\alpha|$$

Für glatte Kurven gilt

$$|d\tau| = |ds| \leq |dr|m$$

wobei mit m eine positive Konstante, mit s die Bogenlänge und mit r die zugehörige Sehne bezeichnet ist. Mit $|\tau - t| = r$ ergibt sich aus (A1o)

$$\left| \sum_{k=1}^{N} \int_{1} \phi_k(\tau) \frac{d\tau}{\tau - t} - \int_{1} \phi(\tau) \frac{d\tau}{\tau - t} \right| \leq$$

(A11)

$$\leq 2m \left\{ B \frac{1}{\lambda^x} \delta^{\lambda^x} + A \frac{1}{\lambda} \delta^\lambda \right\} + \gamma|\alpha| < \varepsilon$$

Zu jedem $\varepsilon > o$ kann also ein so bestimmt werden, daß die Gleichungen (A11) und (A6) erfüllt sind.
Da die Funktionen $\cos k\phi$ und $\sin k\phi$ für $k=1,2,...$ auf den Kreislinien L_ν ($\nu=1,2,...N$) hölderstetige Funtkionen sind, und ferner die Dichtefunktion $\mu_\nu(\tau)$ aus Gleichung (4,4) nach Voraussetzung ebenfalls auf den Kreisen hölderstetig sind, kann in den Integralen (4,7a) Integration und Summation auch dann vertauscht werden, wenn der Punkt z auf der Kurve L_ν liegt.

Literaturverzeichnis

{1} H. Wendt: Die Jansen-Rayleighsche Näherung zur Berechnung von Unterschallströmungen, Sitzungsberichte der Heidelberger Akademie der Wissenschaften, Springer Verlag, Heidelberg 1948

{2} J. Weyland: Ebene Potentialströmung um N Kreise Dissertation, Bonn 1974

{3} J. Weyland: Ebene Potentialströmung um N Kreise und deren elastische Verformung, Forschungsberichte des Landes Nordrhein- Westfalen, Nr. 2490, Westdeutscher Verlag, Opladen 1975

{4} R. Weizel: Potentialströmung um N Kreise, ZAMM 53, 1973

{5} R. Weizel, J. Weyland: Ebene Potentialströmung um N Kreise, Forschungsberichte des Landes Nordrhein-Westfalen, Nr. 2407, Westdeutscher Verlag, Opladen 1974

{6} F.D. Gakhow: Boundary Value Problems, §34, Pergamon Press 1966

{7} N.I. Muschelischwili: Singuläre Integralgleichungen, Kapitel III, Abschnitt B, Akademie Verlag Berlin 1965

{8} Siehe {6} §4 oder {7} §16

{9} S. Stachniss-Carp: Inkompressible Strömungen um Systeme paralleler Zylinder von elliptischem Querschnitt, Forschungsberichte des Landes Nordrhein-Westfalen, Nr. 2478, Westdeutscher Verlag, Opladen 1975

FORSCHUNGSBERICHTE
des Landes Nordrhein-Westfalen

*Herausgegeben
im Auftrage des Ministerpräsidenten Heinz Kühn
vom Minister für Wissenschaft und Forschung Johannes Rau*

Die »Forschungsberichte des Landes Nordrhein-Westfalen« sind in zwölf Fachgruppen gegliedert:

Wirtschafts- und Sozialwissenschaften
Verkehr
Energie
Medizin/Biologie
Physik/Mathematik
Chemie
Elektrotechnik/Optik
Maschinenbau/Verfahrenstechnik
Hüttenwesen/Werkstoffkunde
Metallverarb. Industrie
Bau/Steine/Erden
Textilforschung

Die Neuerscheinungen in einer Fachgruppe können im Abonnement zum ermäßigten Serienpreis bezogen werden. Sie verpflichten sich durch das Abonnement einer Fachgruppe nicht zur Abnahme einer bestimmten Anzahl Neuerscheinungen, da Sie jeweils unter Einhaltung einer Frist von 4 Wochen kündigen können.

WESTDEUTSCHER VERLAG
5090 Leverkusen 3 · Postfach 300 620

GPSR Compliance

The European Union's (EU) General Product Safety Regulation (GPSR) is a set of rules that requires consumer products to be safe and our obligations to ensure this.

If you have any concerns about our products, you can contact us on

ProductSafety@springernature.com

In case Publisher is established outside the EU, the EU authorized representative is:

Springer Nature Customer Service Center GmbH
Europaplatz 3
69115 Heidelberg, Germany

www.ingramcontent.com/pod-product-compliance
Lightning Source LLC
LaVergne TN
LVHW020135080526
838202LV00047B/3949